AF573559

CONSIDÉRATIONS

SUR L'HORTICULTURE,

—

REVUE DES SOCIÉTÉS HORTICOLES

ET DES DÉCOUVERTES NOUVELLES.

PAR M. ALEXANDRE SIRAND,

Juge au tribunal civil de Bourg, membre de plusieurs Sociétés savantes.

BOURG,

IMPRIMERIE DE MILLIET-BOTTIER.

—

1857.

CONSIDÉRATIONS

SUR L'HORTICULTURE (1).

—

REVUE DES SOCIÉTÉS HORTICOLES

ET DES DÉCOUVERTES NOUVELLES.

Rien n'est beau comme le progrès, rien n'est plus agréable que de le constater. Un essor brillant et rapide se fait jour dans toutes choses en France, et quand on voit à chaque heure tant de merveilles en tout genre, on est entraîné par l'assentiment unanime qui se prononce avec admiration! Je laisse de côté les chemins de fer, la télégraphie électrique, les câbles sous-marins de la gutta-percha qui relient entr'elles et en dépit des mers, les nations les plus disparates et ces gigantesques parties du monde que le ciel a séparées; je vois avec empressement, mais non sans inquiétude, ces agglomérations immenses d'ouvriers, sous les mains desquels s'élèvent de nombreux palais, de somptueux édifices publics ou de charité, des maisons particulières d'une rare élégance, des rues imposantes et *sagement combinées*, dans nos grandes villes, et je m'incline avec satisfaction devant ces mille inventions de l'homme

(1) En 1852 nous avons publié une *Revue horticole dans l'Ain*. Bourg, Milliet-Bottier. In-8°.

En 1854, nous avons donné une nouvelle *Revue agricole et horticole*. Bourg, Milliet-Bottier. In-8°.

Ces Notices sont presqu'épuisées, mais on pourra les trouver en partie dans le Journal de la Société d'émulation de l'Ain.

qui refoulent chaque jour tant d'inventions trouvées hier, déjà si belles, et, sous le coup de tant d'impressions soudaines et admiratives, je répète avec un certain effroi : Où l'homme s'arrêtera-t-il ?....

Mon but, en ce jour, est d'appeler l'attention sur les progrès de l'horticulture et sur cette part vraiment surprenante qu'elle a su prendre dans ce mouvement ascensionnel des esprits. Ce n'est pas sans raison et sans douleur que l'on remarque que toutes les inventions actuelles ne tendent qu'aux objets de luxe et de perfection industrielle ; on oublie trop ce qui peut créer le bien-être modeste, cette vie à bon marché, providence du grand nombre, et l'on ne fait rien pour alléger le fardeau de la dépense du ménage, si lourd depuis quelques années, et qui chaque jour nous menace davantage.

On le voit, en effet, chacun court aux jouissances matérielles, et, sans consulter ses forces pécuniaires on dépense, on consomme, on s'habille avec luxe, on court aux bons morceaux, aux vins fins, aux plaisirs de l'esprit, comme si la raison froide et lente de nos pères nous abandonnait ! Qu'on me fasse grâce ici des preuves que je pourrais apporter, elles sont nombreuses, et je montrerais facilement les façons Champagne, la bougie, les fins morceaux, les primeurs, les fruits délicats entre mains que je suis loin de jalouser, mais auxquelles je voudrais plus de retenue et de prudence.

Proclamons cependant que, dans ce grand mouvement, l'horticulture mérite une mention spéciale, car là aussi, quoique il y ait profit et agrément pour le riche à produire beaucoup, le trop plein se déverse enfin dans toutes les classes et tombe à la portée de chacun. Quand les gens à fortune regorgeront de fruits, quand chaque propriétaire aura beaucoup planté, il faudra bien qu'ils songent à placer le superflu de leurs récoltes, et c'est ce que nous voyons déjà s'effectuer sur une échelle toutefois modeste encore. L'amour des nouveautés, une activité sans égale et d'autant plus forte qu'elle sommeillait profondément, s'emparent chaque jour des amateurs de jardins et de fruits; les pépiniéristes ne peuvent suffire à toutes les demandes sans cesse renaissantes qu'on leur adresse de tous côtés à la fois, et non seulement on plante beaucoup d'arbres à fruits, en quenouille surtout et en espalier, mais encore d'arbres utiles sur les routes publiques, et l'on peut dire des amateurs, du public et des pépiniéristes :

O fortunatos nimium! . . . .

Un exemple chaleureux entraine de proche en proche, chacun veut être horticulteur affilié; en un mot, il n'est pas de mince possesseur de quelques centiares d'un sol ingrat ou propice qui n'ait hâte d'y installer quelques pieds d'arbres à fruits en quenouille ou en fuseau.

De nombreuses sociétés horticoles ont surgi de toutes parts depuis dix ans à peine, et pleines de bonne volonté, quelquefois, à défaut de science ou de pratique, elles s'efforcent cependant de graviter avec ferveur autour de la corbeille de Pomone ou du torse silencieux de Pan! Chacune des associations veut publier un journal et faire savoir ainsi au monde horticole jusqu'aux plus petits détails de son intérieur, jusqu'aux noms les plus obscurs qui se groupent autour de ses séances parfois bien modestes!

Tout cela néanmoins est du progrès et il en ressort un bien général, car quoique la plupart de ces journaux de Sociétés d'horticulture soient d'une stérilité désolante, il y a parfois dans l'un ou dans l'autre quelque procédé nouveau, quelque découverte très-brillante que l'on peut y puiser.

Il est à regretter cependant que ces publications qu'il serait possible de rendre si attrayantes, si utiles, ne renferment, pour la plupart, que des procès-verbaux de séance, ou ce qui est plus accablant encore, que des discours toujours trop longs et peu instructifs. Que reste-t-il dans un pâle numéro de trente-deux pages, quand on y trouve une moitié absorbée par des noms propres, d'affiliés récents ou futurs, de députés nommés anciennement, voire même de dames patronesses quittant le coin du foyer domestique pour se voir enregistrer par la presse; en mentions de dépôt de plantes, de fruits, de publications échangées banalement entre Sociétés, en mentions de séances plus ou moins bien remplies?

Aussi plus d'une de ces publications, notoirement éphémères, succombent-elles d'une belle mort, et la cotisation des abonnés futurs leur fait souvent défaut?...

Je reconnais, cependant, qu'il n'est pas toujours facile de remplir, ne fut-ce qu'une fois par mois, trente-deux pages in-8° d'impression, de choses instructives et profitables; je vois que beaucoup de membres sont fort empressés d'assister à une séance sans avoir à se fatiguer l'esprit d'y produire quelque chose! Je n'ignore pas que trop souvent, on le voit, je suppose, le plus grand nombre, *toujours plein de bonne volonté*, ne sait, ou ne peut rien faire! et l'on se croit horticulteur parce qu'on a planté quelques fruits nouveaux, ou calfeutré dans sa serre quelques calcéolaires bâtardes, des orchidées plus ou moins orthodoxes, ou quelque rosier plus remontant que son esprit!

Cependant il nous est bien doux de le dire, dans cette foule de sociétés horticoles sans nom, il en est qui donnent un bel exemple.

Je comprends dans ce nombre :

La Société d'agriculture et d'horticulture de Vaucluse.

Le cercle pratique d'horticulture et de botanique de la Seine-inférieure.

La Société impériale et centrale du même lieu.

Le cercle pratique d'horticulture et de botanique, encore de Rouen, ainsi que le *Sud-Est*, journal d'agriculture et d'horticulture, de Grenoble, plein de zèle pour reproduire ce qui se pratique de bon partout; en attendant que Flore inspire les horticulteurs du pays, il a l'esprit de demander à ses habitués, des rapports sur les publications que les autres Sociétés échangent avec lui; c'est un moyen parfait de s'éclairer soi-même et tous à la fois, en même temps que le bienfait s'en répand au loin par le journal de la Société elle-même, qui contient une analyse de ce qu'il y a de bon à signaler.

Il en est d'autres certainement que nous pourrions nommer, mais nous distinguons, en outre, comme étant les plus pratiques et les plus fructueux, les journaux publiés par le *Comice agricole de Maine-et-Loire* et par la *Société impériale et centrale d'Horticulture de la Seine*.

Les travaux du comice de Maine-et-Loire ont une très-bonne direction ; à chaque séance on apprécie ou l'on dénomme scientifiquement des fruits ou des végétaux utiles, et chacun sait que c'est aux pépinières d'Angers et des *Leroy* qu'on s'empresse de se pourvoir partout des fruits si vantés dus aux semis de l'horticulture.

Cette vogue si honorable et si lucrative est un juste hommage rendu aux consciencieux horticulteurs de ce pays, pleins d'accord et de probité, s'appliquant à servir les demandes avec toute la loyauté et l'intelligence désirables, et ceux qui ont la bonne fortune d'y pouvoir recourir ne sont point exposés, comme nous, dont le but était de favoriser notre localité, à regreffer presque tous les arbres qu'elle a fournis et cela au moment tardif où le fruit se montrait pour l'apprécier à sa valeur réelle !

Là nous voyons des hommes instruits, marchant avec mesure, nous voudrions les citer tous si nous n'avions crainte que nos paroles ne fussent prises pour une réclame ; mais nous pourrions nommer cependant, M. Millet, président du comice, et M. Planchenault, botaniste et amateur zélé d'horticulture.

La Société centrale d'horticulture de Paris qui luttait avec quelques efforts pour se maintenir avant l'exposition, a pris, tout-à-coup après ce grand concours européen, des dimensions colossales. En 1850 elle comptait deux cents membres, et aujourd'hui leur nombre s'élève à plus de trois mille et chaque jour il s'augmente encore.

Il n'est pas de jardiniers de quelque mérite, de richard sommeillant dans l'inaction, de grand seigneur, d'hommes politiques, ou de dame patronesse, remplis de bon vouloir, qui ne se fassent agréer par la Société centrale de Paris ; il y a certes beaucoup d'*élus* ; les procès-verbaux des séances en font foi, beaucoup aussi d'*appelés* à bien faire, mais, hélas! que les praticiens sont en petit nombre ! et cependant, notre intention est loin de critiquer cette manie d'association si soudaine, car elle s'aide à faire le bien et nous saurons gré à l'aristocratie des écus de se cotiser, comme à l'envi, pour seconder en tout la Société.

Evidemment c'est à l'exposition universelle que l'on doit cet empressement et le désir de compter parmi les horticulteurs de Paris.

Rien n'était admirable et beau comme l'exposition d'horticulture de Paris à ce grand concours, et chaque visiteur en sortant émerveillé d'avoir vu tant de bonnes et de belles choses, semblait se demander si c'était bien une réalité, réalité si bien ignorée, surtout à Paris où tant de gens ne savent pas comment vient le blé !...

Depuis ces agrégations fabuleuses, la Société de Paris où brillent les plus hautes lumières de la science horticole, a donné à son cadre une extension très-grande. Ainsi : 1° elle nomme des jurés experts pour visiter, sur les demandes multipliées des jardiniers maraichers ou des horticulteurs amateurs des environs de Paris et même des départements voisins, les cultures qu'on lui signale.

2° Elle envoie dans tous les rayons de la province des membres pour faire partie du jury des récompenses à décerner dans les expositions publiques ;

3° Elle décerne elle-même des médailles et des primes à ceux des membres Sociétaires qui exposent sur le bureau des séances, des fleurs, des fruits ou des légumes méritants ;

4° Elle récompense aussi les étrangers à son association, qui lui font part de leurs découvertes ou d'inventions utiles dans les arts qui servent à l'horticulture.

Enfin l'abondance des produits horticoles et la fièvre des producteurs la débordant de toute part, elle a institué dans ses propres salons, quai Malaquais, 3, six expositions distancées en septembre, octobre et novembre.

Je fais remarquer ici que pour la détermination et la présentation des fruits dans leur parfait développement rien n'est plus propice ; dans les autres expositions des départements, on voit figurer tout contristés des fruits d'hiver à moitié grosseur, et si quelqu'un expose un fruit nouveau, avant maturité, le jury ne peut se prononcer et renvoie après dégustation; il y a là une solution ajournée qui enlève tout le mérite et tout le brillant à la chose !

5° Ses n^{os} mensuels sont volumineux et elle

commence à les enrichir de fleurs enluminées reproduites avec un grand soin. Là, en raison de leur importance, nous tolérons l'enregistrement des plus petites choses, et le cadre plus agrandi permet surtout de les y laisser figurer. Là, sont tous les noms connus des horticulteurs parisiens ou des environs. Cependant nous voudrions ici, comme dans toutes les autres publications, voir supprimer ces comptes-rendus d'assistance de députés, délégués aux expositions d'alentours, qui ne sont, après tout, que de fastidieuses répétitions et presque toujours des réclames complaisantes. Nous en exceptons les comptes-rendus de visites faites dans les jardins en progrès; cela excite l'émulation et honore justement les chauds praticiens ou les amateurs distingués qui les emploient.

Et pourtant je comprends que dans sa sphère chaque journal de Société séparée a sa raison d'être ainsi; en effet, nous sommes tous, comme toujours, plus que jamais avides de louanges ; nous brûlons que nos noms soient enregistrés publiquement, car quel autre moyen de courir à la fortune, à la distinction; si l'on ne dit rien de nous, nous végétons dans l'ombre étiolés que nous sommes, comme un arbre sans soleil!.... Jamais une époque fut-elle plus avide de renommée ! Depuis qu'on s'occupe tant de jardins, il n'est si mince prétendant qui ne se montre et ne se croie un praticien savant : aussi que d'erreurs horticoles ne voyons-nous pas professer ! que de déceptions et de refroidissements naissent de tant de points divers ! que de Sociétés maladives et sans parturition fonctionnent mollement !

Je l'ai dit plus haut, la chose importante pour une Société c'est d'avoir un journal, mais il est plus urgent encore que cette publication mérite réellement ce nom : il est possible pourtant d'atteindre ce but. Quand sur place l'esprit du crû ne trouvera rien à montrer, qu'une main expérimentée et praticienne fasse un triage dans les journaux des autres Sociétés; il est bon de savoir reproduire par une analyse éclairée les découvertes et les bons procédés que donnent les autres journaux ; c'est partout qu'il y a quelque profit à glaner, et l'abeille laborieuse ne fait pas autrement son miel. Un journal est une tribune, et puisqu'on tient à en avoir un à soi, pourquoi n'enregistrerait-on pas utilement les lumières qui jaillissent de partout! Cela serait encore produire, car chaque circonscription sociale a besoin qu'on porte à sa connaissance les éléments du progrès quotidien.

Une Société avec un journal spécial mal rempli, tout cousu de noms propres, de causeries sur des sujets sans valeur pour le public, de discours qui ne mettent en relief que des noms isolés, quelque honorables qu'ils soient, est dans un état maladif; c'est vivre presque sans journal, et dans cet état on peut la considérer comme marchant à une mort lente et silencieuse!

Je n'ai point cherché à m'assurer si chaque département possède une Société d'horticulture; il est bien à souhaiter que cela se fasse; car le jour où la statistique générale de l'horticulture pourrait s'opérer ainsi, ce jour serait le plus lumineux et le plus grand. Que l'on songe à tout ce que l'on aurait ainsi à comparer et apprécier; que de pratiques seraient réformées, que de bonnes méthodes sanctionnées et supputées lentement par l'expérience générale, régneraient sans danger!

Est-il besoin de dire que la science horticole est dans l'enfance! et faut-il insister vraiment pour démontrer que nous ne savons rien de certain? S'entend-on sur les noms des fruits seulement; sur les nouveaux dont on est tellement inondé qu'on ne peut les retenir, je le pardonne, mais sur les anciens est-on d'accord, au moins ? Puis avons-nous fait l'étude des régions, des sols, des expositions, des formes de taille ou des qualités de sujets qui conviennent le mieux pour des arbres fruitiers.

Nous naissons à peine à la physiologie végétale, à la taille raisonnée, à la médication naturelle des végétaux d'agrément ou des arbres fruitiers, toutes choses qu'une immense pratique peuvent seules donner !

On le voit, il est temps d'appeler à une croisade horticole tout le peuple Français ; c'est après celui de l'agriculture, l'intérêt le plus grand du pays, et l'on ne se doute pas comme tout se lie en cette matière : de l'agriculture on vient aux jardins et de ceux-ci peu à peu, quoiqu'en rétrogradant, on retourne à la culture des champs.

On l'a dit avec raison, un bon jardinier sera cultivateur à volonté, mais un cultivateur est bien loin de pouvoir faire un jardinier ; ici il est évident que le nom ne suffit pas, il faut encore le diplôme, et le jour viendra où chaque aspirant d'horticulture ne sera plus considéré qu'autant qu'il possèdera le sien.

Pour atteindre le but que je signale, il faut le bon vouloir de tous, mais ce serait peu que cette force inerte si les gens haut placés, si ceux qui possèdent les dons de la fortune ne se dévouaient pas à cette création; la masse regarde et laisse faire, il lui faut des moteurs, et quand l'un fait défaut, ceux qui restent sont là pour continuer l'œuvre.

Je sais que, vus de près, nous ne sommes pas toujours maniables et dociles, mais l'homme de bien doit savoir se dévouer. Ici je m'arrête et ne veux pas entrer plus avant dans ce sujet.

Je tiens à le citer ici, l'impulsion horticole donnée à la France est déjà forte, et chacun peut prévoir que la grande extension de la société d'horticulture parisienne aura du retentissement partout. Elle sera le grand Orient qui luira pour tous; on l'imitera, on lui demandera la lumière; c'est donc un devoir pour elle d'augmenter ainsi sa carrière de gloire. Ce qui m'a touché dans cette grande association de praticiens plus versés dans leur noble industrie horticole que dans l'art des rhéteurs, c'est l'élan plein d'abandon qu'elle a montré en applaudissant aux distinctions du langage employé par l'un de ses membres pour parler d'horticulture (1).

Mais ce qui me semble plus touchant encore, ce sont les égards pour ceux de ses membres qui ont bien mérité par leurs travaux, leur science ou leurs bons rapports de confrères; et c'est avec un sentiment qui va au cœur, que nous voyons chacun s'associer, en cas de maladie ou d'empêchement douloureux, aux condoléances sincères que le président croit devoir leur faire porter au nom du corps social. Nous aimons ces applaudissements en famille et que l'on ne marchande pas quand il y a lieu (2).

Ces exemples-là porteront leurs fruits, et bientôt le peuple horticole ne fera qu'un à son tour.

Qui sait, quand nous en serons là, s'il ne nous faudra pas un *Code de l'horticulture!*... Toutefois si nous ne l'avions pas pour nous régir à l'instar des autres lois, il est certain qu'il nous le faudra pour nous guider dans nos actes horticoles ; les législateurs ne manquent pas ! Vienne un de Caumont des congrès et nous aurons certainement aussi les nôtres ! Cette

(1) Rapport de l'éloquent Bernard, de Rennes, sur l'exposition florale de Versailles en 1855, reproduit avec un discernement plein de justice et de goût par la *Belgique horticole*, de 1856, p. 271.

(2) *Journ. de la Soc. Centrale*, 1856, p. 462.

idée sera féconde, je l'espère; du reste nous l'avons en petit; nos expositions partielles servent à rectifier les fausses dénominations et à faire connaître les bonnes choses; en procédant sur une échelle générale le résultat sera bien plus grand. Quand on pourra dans un seul lieu apporter ses échantillons pomologiques de tous les points de la France ou de l'étranger, nous aurons fait le seul premier pas dans la science attributive des noms vrais pour les fruits, pour les fleurs ou pour les plantes potagères. On n'en conservera qu'un seul, et ainsi tombera bientôt cette lourde synonymie qui fait le désespoir et l'embarras de tous.

Mais en attendant ce jour, où procédant par *voie légitime*, *avec les délégués de tous*, nous pourrons *croire* l'horticulture *représentée*, nous ne saurions donner notre sanction à quelques *velléités partielles* qui peuvent être émises par un intérêt tout mercantile, et nous ne saurions approuver que des pépiniéristes puissent se poser comme les représentants de la science.

C'est là tout ce que nous dirons de cette sorte d'esclandre horticole qui, sous le nom de congrès, a eu lieu à Lyon, après l'exposition de 1856. Là, qui le croirait, on a proclamé les vertus des meilleurs fruits à conserver dans le commerce, et maint *éleveur* a fait passer pour bons ceux dont il a le plus à se défaire; c'est ainsi que la *belle Angevine*, dont personne ne veut ni ne peut manger *cuite ou crue*, a été classée parmi les meilleures poires, et le modeste Echasséry, dont les qualités se cachent sous une forme douteuse, a été relégué parmi les fruits à supprimer; ainsi du reste! Mais ces messieurs n'ont bénévolement oublié qu'une chose, c'est de montrer leurs pouvoirs pour en parler au nom de la France savante. Evitons à l'avenir ces barbarismes de l'horticulture, et attendons la lumière des délégués généraux institués sur l'initiative de la Société horticole de Paris, quand il lui plaira d'agir ! Jusques-là des intentions de bien faire ne peuvent être admises : la lumière doit venir d'en haut, et c'est dans toutes les régions de la France que les juges experts doivent être désignés !

POMMES DE TERRE.

—

PATATE. — IGNAME.

De même que sur l'oïdium, on a presque épuisé ce qu'on pouvait dire sur la maladie des pommes de terre. Mais quoique ces sujets semblent trop battus déjà, on continue à s'occuper de l'un et de l'autre. Constatons dès l'abord que nos tubercules si précieux et dont nous sentons plus que jamais tout le prix, ayant été si près de les perdre, se sont beaucoup améliorés depuis quelque temps. Mais il faut le dire aussi, cet état consolant varie toujours selon les localités.

Je parlerai des pommes de terre de l'Ain. L'an dernier, elles ont été presque saines partout; cette année elles retombent malades, et leur prix a doublé; ainsi nous payons, au 1er avril, le double-décalitre de choix 2 fr. 50 et 3 fr.; l'année passée ce prix était de 1 fr. 50.

Dans le canton d'Ambérieu, ceux qui ont récolté de bonne heure, ont peu de pommes de terre malades; ceux qui n'ont récolté qu'à la fin d'octobre, les voient se gâter *toutes*!... Pour ces dernières, je fais remarquer qu'au sortir de terre elles paraissaient saines.... Elles prennent donc le germe du mal par la tige *malade*, et peu à peu, c'est ce que j'ai toujours soutenu!....

Pour être historien fidèle, je dois ajouter encore que toutes les précautions et tous les remèdes employés chez nous ont produit peu d'effet, et que comme toujours jusques-là, il y a eu des champs malades malgré toutes les précautions prises et des champs très-sains, sans qu'on ait employé aucun moyen pour les garantir!... C'est à dérouter tout le monde et à nous décider enfin à laisser faire la Providence.

N'a-t-on pas préconisé le dessèchement des tubercules avant la plantation, afin d'en retarder la croissance? Je ne conteste pas cet effet, mais est-ce bien là le remède, quand presque tous les agronomes qui écrivent sur ce sujet, regardent comme seul moyen préservatif, de planter de bonne heure et de récolter de même, et par conséquent, il n'y aura jamais de variété assez précoce. Pourquoi donc M. Acher qui dessèche ses semences de pommes de terre veut-il que ce qu'il croit un moyen curatif, puisse être appliqué partout (1)?

Arrêtons-nous de préférence à un mode bien simple et qui paraît puissant. Nous en devons la connaissance à M. François, jardinier à Epinal (Vosges), qui pince les boutons à fleur, chaque fois qu'ils se montrent, ce qui nécessite un travail de 17 journées par hectare. Mais cela ne doit pas arrêter, car l'opération est facile et donne un produit *double*; les plantes pincées sont vertes, drues, à végétation ample, tandis qu'à côté les non pincées sont grillées par la maladie; c'est fort remarquable; mais il importe que ce procédé soit expérimenté dans plusieurs régions de la France avant d'en tirer une conclusion définitive.

L'expérience a été répétée avec fruit, et constatée par des membres de la Société des Vosges: ainsi les *pincées* ont toujours, dans trois plantations

(1) Voir le *Cercle pratique d'horticulture de la Seine-inférieure*. 1856, p. 119.

concurrentes, donné le double des trois autres plantations rivales.

M. François veut qu'on plante les tubercules gros et entiers; il est d'accord en cela avec d'autres agronomes qui, cependant, arrivent à remédier au mal par d'autres voies que lui.

Un agronome de l'Aube a constaté, en 1855, que les gros tubercules étaient très-bons pour le rendement; mais il les coupe en deux. Cette division ne nuit donc pas à la récolte, et si cela est, c'est que la section des tubercules n'a pas d'effets dangereux!... On le voit, il y a bien à observer encore.

Puis viennent MM. Leroy-Mabille et Victor Châtel (1) qui insistent pour qu'on plante *immédiatement*, c'est-à-dire avant l'hiver, mais en enterrant peu et buttant bien, sauf à débutter après la gelée.

Ces auteurs ont tellement foi dans ce procédé qu'ils le regardent comme seul bon pour régénérer successivement la pomme de terre.

Ajoutons que la gelée des 10, 11 et 12 mars de cette année a atteint des plantations de pommes de terre à Bourg-en-Bresse; on les avait faites en février, donc celles plantées avant l'hiver doivent subir les mêmes dangers!

M. de Rainneville, du *Petit-Mettecy*, l'a dit avant eux, ils le reconnaissent et, se groupant en *trinité* pleine d'avenir et de succès, ces messieurs semblent nous convier à les suivre hardiment si nous voulons conserver nos pommes de terre!... J'en reviens toujours à mon opinion contre tous ces régénérateurs confiants, en leur rappelant les champs entiers:

(1) J'ai eu le plaisir de publier une analyse de la brochure de M. Victor Châtel, intitulée: *Observations sur l'élévation du prix du pain, etc.*

(Voir le *Journal de l'Ain* des 25 et 28 janvier 1851). On y trouve rappelées de nombreuses observations pour améliorer le sort des pommes de terre.

1° qui n'ont jamais eu de mal; 2° ceux qui se sont guéris tout seuls après l'avoir eu !... Je puis leur dire : peut-être votre remède a-t-il fait quelque chose, mais peut-être aussi n'a-t-il rien produit, la nature opérant seule, et, sur ce point, vous ne pourriez affirmer ce qui réellement a eu lieu !...

Ainsi, pauvres humains que nous sommes, quand le ciel nous *assiste,* nous croyons avoir agi *savamment* et nous conseillons d'imiter nos *procédés !...*

Quant au *pincement*, il maintient sans doute la vigueur des plantes, et les rend plus robustes pour résister au *thryps*, selon M. Victor Châtel; au *botrytis,* suivant M. Payen; à l'atmosphère humide, selon moi et beaucoup d'autres; cela ne doit pas surprendre. Admettons que l'altération cutanée ait envahi une plante de pommes de terre, ou une piqûre d'insecte, si on le veut absolument, la force de la sève, maintenue par un pincement, *domine* ces agents *délétères*, et donne à la plante la force de réagir par sa sève, un instant concentrée, en luttant pour se produire au-dehors. Je vérifie cela chaque jour. J'ai des pêchers atteints *en espalier*, au sud, à l'est, au soir, par un gale-insecte qui ronge leurs *articulations;* les faibles succombent, les robustes vont leur train parce que la sève l'emporte.

Rappelons que dans les plantations automnales ou de la fin de l'hiver, il faut des sols secs, fumés un an d'avance et des tubercules entiers, gros et mûrs ! Si l'on ne réussit pas avec ces précautions, toutes rationnelles, il ne faut pas chercher de remède au mal; la nature doit l'emporter et nous donner le temps d'attendre.

Selon les trois praticiens ci-dessus cités, avec ces conditions énumérées, il serait à souhaiter encore que la pomme de terre ne quittât pas le sol !... Mais cela ne se peut, à moins de ne récolter pour *semer*, qu'au moment de le faire.

Plusieurs fois dans mon jardin, j'ai eu des pommes de terre sur des tubercules oubliés qui n'avaient gelé ni en terre, ni à la pousse, mais ils étaient altérés quant à la qualité; la fane prenait le mal. Mon terrain est un peu fort, mais peu fumé cependant.

Je continue à conseiller, tout examen fait, de planter des variétés précoces et de les récolter de bonne heure. Ces variétés sont nombreuses, mais la *Handwart prolific* l'emporte encore pour cela sur toutes les autres. C'est un nouveau gain de l'Angleterre qui semble réunir bien des qualités; laissons-le se reproduire.

On préconise cependant la pomme de terre *Chardon*. Je me joins aux Sociétés agronomiques et aux amateurs qui la conseillent après expérimentation; mais qu'on ne se fasse pas illusion sur son mérite.

Elle est pour la grande culture ; elle produit bien et s'amoncèle autour de la tige; d'un autre côté elle est très-tardive, son tissu est grossier et il lui faut un sol léger. Il y a là bien des obstacles à ce qu'elle prospère en Bresse où nos champs sont presque tous compacts et froids; dans les sols drainés elle réussira mieux ; mais les 46 degrés de latitude du département de l'Ain lui seront contraires. Qu'on revienne aux variétés précoces !

La *chardon* est d'un tissu grossier et peu délicate à manger, ce fait est encore attesté par un expérimentateur; il conseille comme une des meilleures variétés pour la table la *roscovite* (1), venant de Russie, qui produit autant que la *chardon*.

Un mot encore sur le mode de plantation; planter les tubercules *gros et entiers*, disent les uns; c'est le moyen d'avoir beaucoup, en qualité et santé.... M. Pissot a constaté que les tubercules partagés ont

(1) *Journal de la Soc. impér. et centr. d'hort.* 1857, p. 114' compte-rendu par M. Pissot.

donné même poids avec moitié moins de semence (1).

Terminons par quelques faits qui confirment l'opinion qui attribue la maladie aux influences atmosphériques.

M. Pissot, ajoute qu'en 1856, « les pommes de terre tardives ont donné beaucoup plus de tubercules malades que les variétés hâtives, » et M. Payen l'explique, parce que les *premières ont achevé de mûrir par un temps pluvieux* (2).

Voici un fait nouveau à l'appui : dans un champ à Bourg-en-Bresse, on a récolté, au premier août, la moitié de la récolte en pommes de terre, pas une ne s'est gâtée. L'autre moitié a été ramassée 10 jours plus tard, mais après la pluie, toutes se sont successivement avariées. Ce n'est pas seulement le trop long séjour en terre qui fait le mal, comme on le voit par cet exemple, mais la circonstance que les tubercules ont eu de l'*humidité* au mois d'août... J'ai constaté autre part que c'est dans ce mois que le mal apparait tout à coup.

Une chose à noter dans ce grand champ-clos de la discussion, c'est que la pomme de terre se conserve quand le mal n'a pas été trop loin. Mais de ce qu'elle est de *bonne garde*, il ne s'ensuit pas qu'une altération ne lui ait été infligée par un commencement du mal. En effet, la pomme de terre légèment atteinte perd sa fécule, ou ne la prend pas, si l'on veut; elle est *grasse*, ferme à la cuisson ; je l'ai remarqué souvent.

Les *Patates* et les *Ignames* occupent l'attention publique; ce ne sera une acquisition pour nous que lorsqu'on pourra les cultiver partout facilement.. Jusques ici, la patate que j'estime, veut une chaleur et des soins trop grands pour être vulgarisée. L'igname offre encore plus de difficultés, n'en déplaise à *M. Decaisne !*... Mais voici venir une variété *ronde* et plus *hâtive*, attendons-la.

(1) *Ibidem*. — (2) *Ibid*.

MALADIE DE LA VIGNE.

Cessera-t-on de trouver chaque jour des remèdes pour la vigne, dont le mal suit son cours en dépit des *guérisseurs?* Pour les essayer tous il faudrait deux vies d'hommes, car nous ne sommes pas au bout de l'invention humaine,... ni de l'oïdium!

J'ai publié en 1854, une Notice sur les effets de ce mal dans l'Ain, dans laquellé j'ai passé en revue diverses panacées pratiquées ou conseillées alors. Aujourd'hui c'est toujours le même empirisme, ce mot me semble applicable à l'espèce, toujours la même incertitude pour le vigneron.

Le soufre qui jusqu'ici atténue les effets de l'oïdium, a mal réussi à plusieurs; et cependant je suis forcé de convenir qu'examen fait de tous les remèdes, c'est à celui-ci que se range le plus grand nombre des réussites. J'observe ici que s'il a manqué son effet chez quelques-uns, c'est qu'il a été mal administré. On dit qu'il faut soufrer par la chaleur de midi; qu'on l'a fait avec avantage; pour moi je suis au nombre de ceux qui soufrent à neuf heures du matin, sur la rosée en partie levée, ce qui favorise l'adhérence du soufre, et c'est être conséquent, ce me semble.

M. Charles Rabache (pourquoi porter ce nom quand on écrit?) entre autres causes du mal, attribue l'oïdium à la déperdition du calorique. Il a observé que, pendant le mois de juillet où l'on avait pendant le jour, 25 à 30 degrés cent. à l'ombre, le thermomètre tombait fréquemment la nuit à 5 degrés seulement de chaleur. Il en conclut que cette variation subite de l'atmosphère apporte un trouble si grand dans le mouvement de la sève que la végétation de la vigne s'en ressentait beaucoup (1).

Mais comment admettre, avec M. Rabache, que ce soit là une cause de l'oïdium ; est-ce que avant la maladie nous n'avions pas ces nuits là? et puis pourquoi les vignes se guérissent-elles donc malgré ces mêmes nuits, ou pourquoi y en a-t-il encore qui n'ont jamais eu de mal ?

Cherchons d'autres causes, n'en déplaise à M. Rabache !....

M. Lainé vante l'emploi du charbon contre l'oïdium. M. Leroy-Mabille, qui m'a fait l'honneur de citer ma Notice sur la maladie de la vigne (2), persiste à soutenir sa thèse première ; c'est-à-dire que la vigne est affaiblie par les amputations qu'on lui fait subir et qui lui ont donné le *nosoplège* ! Selon lui il ne faudrait donc pas tailler, ou bien le faire avec une grande mesure.

M. Victor Leroy, trésorier de la Société d'agriculture des Bouches-du-Rhône, a publié de bonnes instructions sur la culture de la vigne ; il veut une taille raisonnée, appropriée à la nature du plant. Il reconnaît que *sans taille* on a de petits et de mauvais fruits ; il ne parle pas de l'oïdium et ne pense pas, sans doute, que la taille de la vigne puisse l'amener.

Il conseille de tailler long les ceps sujets à la coulure ; mais cela est difficile dans certains cas.... par exemple, pour la vigne en cordons ou à la Thomery. Le pincement indiqué par M. Troubat semblerait préférable. Mais dans les vignobles où on

(1) *Société d'horticulture de la Seine*, 1856, p. 468.

(2) Examen de l'ouvrage de L. Leclerc : les *Vignes malades*, par M. Leroy-Mabille, Paris, 1855, in-8°.

cultive la vigne en *archets*, ou bien sur les ceps qui poussent beaucoup en bois, le pincement est peu productif et presqu'impossible. Les tailles *très-longues* des hautains, dans le département de l'Ain, n'empêchent pas les raisins d'être *niellés*. Pour faire une application de ces préceptes dans le Revermont, où la vigne pousse peu de bois, et dans le Bugey, où elle en donne beaucoup, cela demande une étude particulière à chaque mode de culture et de plant.

L'oïdium me semble un mal comparable à celui de la pomme de terre et de plusieurs autres végétaux... Pourquoi le prennent-ils? Ce sont des peupliers, des cerisiers à grand vent, *non taillés cependant* !... Et la pomme de terre la taille-t-on?

Il y a ici une remarque à faire à l'occasion de la gerçure des fruits, c'est qu'on ne la voit jamais ou très-rarement sur les pommes! et pourtant comme on taille les pommiers nains!...

Mais M. Leroy-Mabille s'étaye encore de ce que précisément il a remarqué un cytise taillé par lui, dont quelques branches ont moisi. Puis il ajoute que des peupliers du Canada, taillés en crochet, ont ces extrémités *taillées* qui se fendillent et meurent en hiver; que l'on remarque que les brindilles qui sortent à l'extrémité de ces tronçons, sont d'autant plus faibles qu'elles se rapprochent de la blessure... Enfin les fruits lui semblent plus sujets à se fendiller sur les variétés anciennes que sur les nouvelles, à âge égal. Voilà bien ses plus forts arguments.

Deux mots d'explication de physiologie végétale en détruiront une partie.

Le bois du peuplier du Canada est poreux et tendre; le froid, la chaleur au besoin dessèchent les chicots laissés à la taille; puis les brindilles qui sortent sur ce *résidu* sans sève (elle est résorbée par le tronc) ne peuvent se nourrir, cela est tout simple.

mais ce fait ne doit pas être une preuve que c'est l'amputation qui amène un mal dans le genre de celui de la vigne.

Je suis plutôt d'accord avec M. Leroy-Mabille, quand il trouve que tailler la vigne en pleine sève c'est lui nuire beaucoup ; il y a là un fait naturel que chacun peut comprendre et dont cependent les effets sont difficiles à expliquer pour moi.

Je trouve encore que l'on fait bien de tailler en automne les vignes que l'on a, mais j'aimerais encore mieux, avec Olivier de Serres, tailler en janvier, et toujours avant la sève !

Faut-il proscrire la taille des végétaux à fruit, parce que, dans quelques cas, cela nous paraît *peut-être* un inconvénient qu'on éviterait en ne taillant pas? Non, jamais aucun horticulteur n'ira jusques là!

Et que parle-t-on toujours de végétaux vieux qui ont pris la maladie plutôt que les jeunes, cela n'est pas exact partout ; j'ai cité, dans des hautains de Bresse, de jeunes ceps, pleins de vigueur, plus malades que les vieux qui étaient à côté d'eux, et qui souvent ne souffraient pas!

Concluons que la seule chose possible contre l'oïdium, c'est qu'il n'y a que l'avenir pour le guérir et que le mal partira tout seul. J'avoue que cette année j'ai cru que par un remède nouveau qui se présentait avec une grande probabilité de succès nous allions désormais boire à notre aise! Il n'en sera rien sans doute.

Voici le fait :

Le 2 août 1856, Raphaël Lambardi a présenté à l'Empereur un mémoire imprimé, dans lequel il annonce avoir trouvé un moyen infaillible de guérir la vigne.

L'auteur, par *un nouveau système de culture* préserve infailliblement la vigne de l'oïdium « sans que le cultivateur ait à dépenser un centime ou un quart d'heure pour combattre la maladie; il réduit de plus d'un tiers la dépense de temps et d'argent ; il avance la maturité du raisin, etc. »

Ces termes précis et articulés avec assurance étaient faits pour laisser percer les doutes : si, d'une part, cet exposé n'eût été présenté sous une forme respectueuse et convenable à l'Empereur, et si de l'autre les attestations les plus authentiques et les plus *sérieuses* n'eussent appuyé les dires du sieur Lambardi. Il concluait en priant S. M. de faire nommer un jury d'examen pour vérifier ses expériences.

Rien n'est apparu depuis.

Le 17 septembre suivant, deuxième supplique à l'Empereur, pour lui rappeler le premier mémoire, et addition d'attestations aussi fortes de guérisons radicales !...

Qu'arrivera-t-il de tout cela? tenons-nous enfin le remède sûr? Pourquoi Lambardi qui a guéri la vigne en Corse, chez plusieurs propriétaires, plusieurs fois de suite, ne préserverait-il pas toutes les vignes qu'on lui soumettrait? Cela vaut bien la peine d'y songer, et sans doute le gouvernement attend un peu avant de se prononcer! Je le répète les personnes invoquées par Lambardi sont toutes honorables, et la Société d'agriculture de Bastia elle-même s'y est adjointe.

En attendant, *soufrons* !... puisque c'est un moyen sûr d'avoir du raisin.

M. Leroy-Mabille rappelle un fait dont j'ai parlé, à savoir que des ceps placés contre des murs, et très-anciens déjà, se sont guéris tout seuls, après avoir été condamnés complètement ; si la taille mal faite, comme cet auteur prétend que nous la pratiquons, tuait la vigne à la longue, elle ne se relèverait pas après avoir été si malade, et notez que ces mêmes treilles guéries sont taillées comme devant et ne s'en portent que mieux !

Ajoutons un fait nouveau qui fera sourire M. Leroy-Mabille, puisqu'il en a invoqué un pareil déjà cité par moi. Une vigne en treille, très-forte déjà, était anéantie par l'oïdium... A côté un beau prunier en espalier contre le même mur était couvert de moisissures et a succombé... D'autres pruniers plus éloignés n'ont pas souffert. Le voisinage a communiqué à cet arbre un mal d'*oïdium* qui s'est transformé sur le prunier selon sa nature différente de sève.

Au surplus, puisque la vigne ne fructifie que sur les rameaux de l'année, il faut bien tailler pour avoir toujours des raisins. Il me revient que M. Poiteau voulut tailler la vigne à l'Isle de France; il reconnaît que, traitée ainsi, elle ne produisait rien. Autres climats autres cultures!... Chez nous, taillons toujours.

Terminons en rappelant qu'un bon moyen d'empêcher la coulure du raisin, c'est de pincer les sommets des rameaux qui les portent, quinze jours au moins avant la floraison, alors que les grappes sont bien apparentes; c'est en 1855 que M. Troubat indiquait cette pratique, ayant cru reconnaître que la coulure était la suite des *pluies froides de mai et de ses bises aigres :* pour assurer le développement du raisin nous rabattions déjà depuis longtemps nos rameaux fructifères à deux ou trois feuilles au-dessus du raisin et avec un succès certain. La raison commande aussi de ne pas attendre l'époque précise du développement du raisin pour rabattre rudement les rameaux trop vigoureux ou qui menacent de s'emporter; les vrilles du raisin absorbent souvent beaucoup de sève dans ceux qui se rapprochent du sommet surtout : on doit les couper avec l'ongle. Ainsi, nous opérions en petit et selon l'occasion, ce que M. Troubat conseille de faire en grand. M. Leroy-Mabille va s'écrier: voyez, *vous taillez toujours* (1)!...

Si l'espace et le sujet me permettaient de m'étendre un peu sur les améliorations à apporter dans la fabrication des vins, je dirais à ceux qui ont des vignes vieilles qui donnent peu, non pas de les greffer sur vieilles souches, mais de les arracher, de bien fumer et de replanter, en *plants précoces* et combinés en variétés de mérite. C'est un moyen certain de réussir à faire du bon vin ; c'est la maturité qui manque toujours dans le département de l'Ain, et encore plus en remontant au nord ; il faut donc s'appliquer à l'*avoir à volonté*; pour cela choisissons des plants précoces. Rien n'est plus facile, de même que rien n'est moins pratiqué.

En replaçant une jeune vigne, après une vigne vieille, j'aurais soin de planter en lignes, espacées de six ou huit mètres, afin de cultiver le milieu pendant quelques années; puis, ensuite, j'intercallerais deux rangs nouveaux de ceps quand le sol serait amendé et purgé des excrétions des anciens.

M. de Gélas, du Gers, a publié dans la *Revue agricole et horticole* de ce pays, 1856, p. 198, un article sur les vins du Gers, dans lequel nous avons retrouvé plusieurs de nos opinions sur la manière de traiter le vin et les fûts pour améliorer ce produit (2); nous recommandons aux praticiens de bonne volonté cette dissertation d'un bon opérateur.

Encore un mot sur l'état actuel de la vigne.

(1) Pour être juste envers chacun, je dois dire que M. d'Albret conseillait ce pincement de la vigne en 1849; (*Cours théorique et pratique de la taille*... 3e édit., p. 161.)

(2) *Essai sur la culture de la vigne dans le département de l'Ain.*

Le mal continue à sévir sur plusieurs points, mais il est constant qu'il y a amélioration sur d'autres. En Espagne le mal semblait suivre son cours, et quitter les ceps atteints après un certains laps de temps pour envahir ceux qui n'avaient pas de mal encore.

L'expérience journalière confirme cette appréciation. On écrivait de Cadix, le 1er octobre : « Les vendanges sont terminées dans l'Andalousie : c'est la *quatrième* récolte que l'on y fait depuis l'apparition de l'oïdium. Ses résultats ont *généralement confirmé* l'observation qu'on a *souvent faite*, dans d'autres contrées sur la marche et les progrès *croissants* de cette maladie, du moins pendant le cours d'une certaine période. »

« Les vignobles de Xérès, qui avaient été jusqu'ici *les plus épargnés*, se sont davantage ressentis cette année des influences de la maladie.

« On a observé que si l'oïdiun a envahi un plus grand nombre de vignobles, les ceps épargnés ont donné des produits très-beaux et sains. On se plaît à conclure de ce fait que la maladie est sur son déclin. » (Le *Salut Public* de Lyon, octobre 1856.)

La chaleur du mois de mai qui, dans l'Ain, monte jusqu'à 30 degrés centigrades, donne l'espoir à nos ceps. Cependant un pronostic fâcheux m'est apparu, en ébourgeonnant mes treilles, je fus frappé de rencontrer çà et là des bourgeons fructifères, longs de un décimètre, noircis comme s'ils avaient été gelés... Cette *paralysie* singulière annonce-t-elle l'oïdium ? Je n'ai jamais vu d'effet pareil sur mes ceps. Les feuilles bullées par un cryptogame parasyte ancien, sont nombreuses... Les vignes en treille, malades l'an dernier, sont très-vertes et vigoureuses ; nous verrons ce que l'avenir fera de ces apparences.

—

DES GELÉES DU PRINTEMPS,

EFFETS DE CELLES DE 1857 DANS LE DÉPARTEMENT DE L'AIN.—DE LA LUNE ROUSSE.

Chaque fois que l'hiver est doux, on ne manque jamais de s'écrier : nous payerons tout cela plus tard et la lune rousse nous attend!... J'ai remarqué souvent cependant que, dans ces circonstances nous n'éprouvons qu'un faible dommage; cela tient à plusieurs causes dont on ne se souvient plus d'une année à l'autre; il est bon de le démontrer. Puis, qu'on y réfléchisse, quoique l'*hiver soit rude* nous avons également des *gelées tardives;* cela tient aux causes atmosphériques auxquelles la fin d'avril est *toujours* sujette!... Ensuite le mois de mai n'est plus qu'une époque d'intempéries au moins dans sa première moitié; il y tonne, gèle et neige... Cela s'est vu malgré les hivers rigoureux.

J'ai omis de constater les hivers doux sans suites fâcheuses, d'autres ont dû le faire; ils appuyeront ce que je vais dire : mais ce que j'ai vu maintes fois ce sont des gelées tardives très-fortes et qui n'ont fait que très-peu de mal aux fruits, à la vigne, aux navettes et colzas. Ces derniers sont toujours en fleurs par les gelées de printemps... Je les ai vus courbés et raidis par le froid; il était fort, alors, eh bien! ils n'ont pas souffert!... Qu'arrivait-il pour les préserver ainsi que les autres végétaux délicats? Une chose très-simple mais toute providentielle! Le soleil ne se levait pas... Des nuages, des vapeurs l'obscurcissaient non entièrement et la température s'adoucissant peu à peu, l'air ambiant se rechauffait; la gelée blanche, les glaçons légers se fondaient lentement et sans brûler les jeunes pousses; c'est le contraire quand la gelée frappe aussitôt sur les lentilles congelées du cristal le plus pur qui font, on le sait, l'effet de la loupe qui brûle.

Il est des lieux où le froid est toujours plus intense; ainsi dans les baisses, les combes, le voisinage des mares, des cours d'eau.... Là il gèle à glace quand ailleurs le thermomètre reste à zéro... Puis là aussi les vapeurs humides se condensent et règnent à une certaine hauteur; tout ce qui s'y trouve englobé est pris par la gelée. Voici un exemple remarquable de l'effet de cette humidité stagnante :

Au printemps dernier, il gela très-fort; les chênes furent noircis et les noyers entièrement pris... Dans les lieux où le brouillard de terre ne s'éleva pas, les arbres n'étaient gelés qu'à la hauteur où il parvint; ainsi j'ai eu des noyers gelés à moitié de leur volume, en partant d'en bas, le dessus était radieux et avait résisté à deux degrés au-dessous de zéro.

Il est des plantes moins impressionnables qui retiennent peu de rosée; d'autres très-délicates qui paraissent aussi très-hydrofuges... d'autres enfin, qui sont couvertes de rosée qui n'est pas glacée quand les plantes voisines sont figées. Des choux ont présenté cet effet d'avoir de la rosée en gouttelette et non condensée par le froid qui, à côté, avait formé des glaçons sur d'autres végétaux nains et sur les arbres à fruit notamment. Le simple abri d'un mur, un chaperon de quelques centimètres suffisent pour diminuer beaucoup l'effet du froid. Là, quand les plantes du jardin, les arbres, etc., sont couverts de glaçons, c'est à peine si les feuilles sont humectées.

On l'a remarqué, les gelées de printemps ne sont meurtrières qu'après des pluies. Si le sol a le temps de sécher elles sont faibles ou entièrent nulles. Ainsi, à Bourg, le sol était sec, la gelée a fait peu de mal; dans une partie du Revermont, il avait plu la veille, le froid a presque tout détruit cette année. C'est quelque chose d'élémentaire pour ceux qui observent.

Je vais appliquer plus spécialement les réflexions qui précèdent au froid de 1837. Jusqu'au 24 avril nous n'avons pas eu de gelée tardive à supporter; c'est assez beau pour le constater, mais comme on craint jusqu'à la fin des retours de froid subits, on verra pourquoi, dans un instant, il ne faut s'applaudir qu'avec retenue d'avoir échappé jusques-là. Les 22 et 23, il a plu; des orages mêmes ont éclaté en quelques lieux : ainsi le 11, la foudre est tombée à Ramasse (Ain) sur une maison.

Le 21, sur les six heures et demie du soir elle s'est abattue aussi à Treffort (Ain), à Bourg même, nous n'avons eu les 21, 22 et 23, qu'une pluie fine et douce; le 24, de la giboulée, mais un instant seulement; le soleil brillait peu par intervalle; le vent de mer soufflait avec force et desséchait heureusement la terre très-humectée.

Le soir, le soleil s'éclaircissait; de gros nuages passaient à l'horizon du couchant et la planète Vénus en s'abritant derrière, semblait dire à la terre alarmée: je t'abandonne à ton sort, pour moi je disparais un instant. Cependant les nuages dangereux tendaient à passer et marchaient au sud. C'est le couchant que l'on consulte toujours ici, on le sait, pour prédire le temps très-prochain ; les nuages qu'on y voit amoncelés le soir, indiquent presque toujours du gros temps ou de la pluie pour le lendemain. A neuf heures le ciel était très-clair, les étoiles resplendissaient; le froid augmentait et je prédis une forte gelée pour le lendemain; j'hésitais à couvrir mes arbres, les poiriers étant en pleine floraison; voyant qu'il y aurait trop à faire et que je pouvais les mutiler, j'y renonçai, mais je me promis pour le jour suivant, d'être levé avant le soleil, et de les couvrir réellement alors.

A cinq heures du matin je fis ma tournée dans mon jardin. Comme elle m'a fourni quelques observations utiles, je vais entrer dans divers détails sur les effets de la gelée.

En jetant un coup-d'œil rapide sur le ciel, je fus étonné de ne pas voir paraître le soleil; l'air était calme et pas de brume... Cependant tout l'espace était dans un jour légèrement obscurci; les vapeurs qui s'étaient élevées, nous préservaient ainsi par leur gaze légère des atteintes du soleil si dangereuses à cet instant du jour! Je vis qu'il n'y avait plus rien à redouter.

Cependant les poiriers en fleurs ou ceux qui la quittaient étaient pris par le froid : les feuilles couvertes de rosée étaient raidies; la glace formait des gouttes sur leur surface, et la rosée qui s'était amassée au bout des feuilles qui formaient une petite cuvette, était fortement gelée; le long des murs les poiriers avaient les feuilles sèches; les espaliers tenus sous des auvents étaient plus secs encore et sans atteinte du froid.

Le sol était peu raffermi, cependant la gelée blanche couvrait les toits d'alentour, et le sol des jardins plus bas que le mien. Chez moi, les vitres des chassis, les sommités d'un dépôt de vieux fumier étaient luisantes de givre; je remarquai avec étonnement que les bordures de *statice* et même des plantes de petit *laitron*, très-humectées, n'étaient pas gelées... Les bordures de fraises n'étaient pas gelées non plus; c'est bien la rosée abondante qui les couvrait pourtant; je goûtais leur eau et j'y trouvai le parfum complet de l'eau de pluie. Il aurait donc fait plus froid à une certaine élévation de la terre que sur le sol même? Il faut l'admettre et c'est rationnel, car il s'échappe toujours du calorique par le sol. Le froid n'avait commencé qu'à trois heures du matin et la terre ne s'était pas assez refroidie pour se durcir. Des choux montés en graines étaient couverts d'eau non gelée malgré leur élévation.

Les bourgeons de vigne contre les murs étaient secs; les feuilles les plus développées n'étaient mouillées que sur quelques aspérités du limbe; c'était la transpiration de ces organes et je m'en assurai en goûtant cette eau qui avait la saveur un peu âcre de la sêve.

Un bachat dont l'eau s'élevait à un demi pied du bord, n'était pas gelé du tout. Cependant au fond des arrosoirs où un peu d'eau était restée il y avait de la glace d'un millimètre et de deux sur des vases plus découverts. Le froid était vif; sur quelques arbres (poiriers) j'observai des feuilles où la rosée était tantôt en glaçons, tantôt liquide, c'est assez remarquable... Les fleurs étaient sèches, les pistils surtout: il faut qu'ils soient hydrofuges de leur nature et c'est là un bienfait de la Providence qui leur donne le moyen d'échapper mieux au froid.

Les bourgeons des vignes basses avaient de la rosée liquide... Ils n'avaient pas éprouvé le froid qui gelait l'eau des arbres à fruit... Ici je rappellerai un fait très-fort et qui tendra à rassurer bien des gens. En 1856 la vigne était couverte de feuillage au 10 mai; la température s'étant abaissée, je la vis le matin blanchie par la rosée en givre; les feuilles étaient cassantes *le soleil se leva dessus*, et ne fit aucun mal!... Je ne pouvais en croire mes yeux!... On voit par là qu'il y a bien des ressources dans l'espérance; car je l'ai dit, c'est l'effet subit du soleil qui fait tout le mal d'ordinaire. Ainsi, chez moi, qui suis dans un lieu élevé quoique en plaine, la gelée du 24 au 25 avril 1857 n'aura fait aucun mal; la position fait beaucoup.

Les asperges n'ont pas été raidies par le froid, le sol était mou à sa surface; le soleil enfin ne frappait pas Bourg; le 25 au matin il n'a paru qu'à 8 heures, voilé à demi par les vapeurs qu'il soulevait à l'orient; ainsi il se créait lui-même cet écran nébuleux qui fait presque toujours notre sauve-garde!... C'est ainsi que les choses du ciel et de la terre se passent d'ordinaire.... Observons-le bien, nous verrons que la Providence a tout organisé pour le mieux, et que son but n'est point de nous prendre d'une main ce qu'elle nous octroie de l'autre!... Ceux qui se seront trouvés dans les mêmes conditions auront aussi été épargnés.

Mais je l'ai dit, il est des localités qui peuvent avoir été atteintes et où il a dû geler plus fortement.

A Bourg même, le thermomètre est descendu dans cette nuit du 24 à 25 à 1 degré 1/2 au-dessous de zéro.

On doit tenir peu de compte en général de l'abaissement moyen de la température pour juger de ses effets en plein champ. On a constaté que pendant la *lune* d'avril, je ne dis pas la *lune rousse*, le froid gelait les plantes délicates alors même que le froid n'est qu'à zéro... Cela s'explique en physique par le refroidissement de la terre quand le ciel est clair et serein, parce qu'alors le calorique qui rayonne, s'élance dans l'air et tend à se mettre en équilibre. Les couches aëriennes qui sont gelées parviennent ainsi jusqu'au sol où elles congèlent nos végétaux qui ont insensiblement perdu leur chaleur. C'est là toute la théorie relative à la *lune rousse*! elle *roussit* les plantes, dit-on, cependant elle n'y est pour rien; il *gèle* sans qu'elle brille au ciel.

Je viens de le constater une fois de plus, et s'il gèle à glace alors que le thermomètre n'est qu'à zéro, c'est parce que les *corps* atteints ont perdu tout leur calorique. Un simple linge, un paillasson, une planche placée entre le ciel et le sol, cela seul suffit pour empêcher les plantes de geler, alors même que l'air eût pu circuler de tous les côtés ! Par là on empêche l'*irradiation* du calorique, et les plantes ne gèlent plus!

La *lune rousse* n'est donc pour rien dans la gelée de la fin d'avril; il suffit que le ciel soit clair à ce moment pour qu'il gèle très-fort, si le sol est humide et si c'est le nord qui règne; la présence de notre satellite dans le ciel n'ajoute rien au phénomène.

Il est remarquable que ce soit tout juste le premier jour de la *lune rousse*, qu'il ait gelé cette année!... Ainsi, le 24, elle a renouvelé à 7 heures 1/2 du matin; le nord a régné aussitôt; il souffla tout le jour avec assez de force et le soir le ciel s'étant éclairci, nous avons eu une nuit dangereuse et alarmante, dont j'ai raconté quelques effets locaux; on sait que Bourg est par les 46 degrés de latitude; dans les contrées plus au nord, dans les montagnes de l'Ain même et dans les lieux bas et humides de la plaine, la couche de glace aura été plus forte. Cette nuit même et la suivante le froid est survenu plus intense et plus dangereux sur une pluie de la veille: dans plusieurs contrées du Revermont la vigne a gelé. Les parties basses d'Ambérieu également... A Revonnas aussi.

Aux environs de Bourg les vignes basses ont souffert; celles cultivées en hautains n'ont pas de mal.

Il est annoncé que les environs de Beaune ont souffert... Dans le Beaujolais et le Maconnais il y a peu de mal... A Salins, Besançon, peu de gelée non plus. Ainsi le premier jour, comme à l'ordinaire, on annonçait que tout était perdu; puis, le lendemain, de bonnes nouvelles arrivent de tous côtés ! Heureusement le froid a sévi partiellement.

Il est difficile d'assigner un rôle uniforme à la

gelée. J'ai été épargné les deux premières nuits... Puis comme la bise glaciale a soufflé tout un jour et une nuit après, malgré le temps *couvert*, mes fleurs de pommiers ont roussi en partie; près de terre j'ai eu quelques ceps gelés à côté d'autres qui n'ont pas été atteints. Puis encore un cep ou deux, tenus haut et à l'air libre ont été atteints à plus d'un mètre de terre; cela par le courant glacial de la bise.

Le 26, la gelée a été plus forte et pourtant tout le jour le temps a été couvert; il faisait une chaleur raisonnable... Puis le ciel s'est subitement éclairci pendant la nuit. Le froid a été de 2 degrés... Dans mon jardin rien n'a souffert, si ce n'est quelques pétales de fleurs de pommiers. J'attribue cet heureux résultat à ce que le sol s'est trouvé plus sec; mes vignes basses n'ont eu aucun mal. Mais dans d'autres endroits de Bourg la gelée a atteint plus fortement les pommiers et les bourgeons de vigne basse...

Tout cela s'est passé en lune rousse mais dans la phase de *lune nouvelle*: ainsi ce n'est pas sa présence qui *roussit*....

Je dois parler ici d'un moyen nouveau de préserver les arbres à fruit de la gelée, puisque la *Revue Horticole*, qui est un journal sérieux, n'a pas craint de l'enregistrer toutefois sans le prôner (1).

Un amateur s'est imaginé, que parce que les arbres à fruit ne gèlent pas dans les pays où on les plante le long des routes, cela devait tenir à ce que la poussière de ces chemins s'élevant sur leurs branches et leurs rameaux, les fleurs étaient ainsi à l'abri du froid; puis il conseille vite de saupoudrer les arbres en fleur avec de la poussière, n'importe laquelle, de la sciure, etc.... Il y a cependant une poussière, qui est la meilleure de toutes, et qu'on doit se rappeler, selon moi, *c'est celle qu'on n'y met pas*!...

(1) Nr de mars 1857.

Si les fruits gèlent moins le long des routes, c'est qu'il y a de l'air sec, et surtout parce que le sol l'est davantage... Cela ne tient nullement à la poussière ; on sait bien qu'il n'y en a pas toujours sur les routes. Ainsi après les pluies, après les grands vents, ils sont fréquents en mars et en avril, si ces mêmes vents en soulèvent, on sait bien aussi qu'ils l'*enlèvent*, partant les fleurs n'en doivent pas garder.

J'amais je n'aurais recours au remède susdit; je craindrais bien plutôt d'empêcher la fécondation de mes fruits, car les stigmates, les étamines gorgés de poussière, ne doivent plus fonctionner; les stigmates surtout, si délicats ! A Bourg, un zélé prime-sautier croyant bien faire, a couvert ses arbres avec de la cendre sèche; c'est jouer de malheur quand on a tant de foi!... A-coup-sûr la potasse, la chaux, contenues dans les cendres ont dû brûler les organes de la fructification...

Quelques botanistes prétendent que la fécondation s'opère avant l'épanouissement... Cela peut être pour plusieurs végétaux... Pour les fruits je le crois moins; le pollen ne me semble pas assez mûr pour jouer convenablement dans une fleur non épanouie ; il lui faut plus d'air et de temps ; du reste affirmer ou contester le fait, c'est agir sans certitude.

J'ai fait cette année une remarque fort intéressante; la pluie des 21 et 22 avril tombait sur la plus belle floraison possible et je voulus, un parapluie en main, faire le tour de mon jardin... Je déplorais cette inondation sur la fécondation des poiriers entrain de s'accomplir. Je fus fort étonné d'en trouver un dont les fleurs étaient toutes fermées à demi et penchées, bien qu'épanouies depuis plusieurs jours, de telle sorte que la pluie n'y pouvait rien... Malheureusement cette variété était la seule dans ce cas; pas une sur près d'un cent ne montrait le même spectacle, sauf le *Noirchain* qui tendait à l'imiter... C'est là un caractère fort précieux de la *Poire Epargne* ou beau présent ; on peut se le rappeler, ce fruit réussit toujours! On voit pourquoi.

La gelée agit souvent à notre insu et lors même que l'arbre n'a pas ses feuilles mouillées , ni ses fleurs à l'extérieur; on a remarqué que par un froid très-vif il se forme dans le bouton près d'éclore un petit globule de liquide qui gèle et communique son froid aux pistils... Ceux-ci plus tard se noircissent jusqu'aux pepins où ils aboutissent et le fruit tombe quand il est gros comme une noisette sauvage. On peut s'en convaincre après une gelée, et ne pas croire ses fruits sauvés parce qu'ils tiennent et sont encore verts quelque temps après. Qu'on ouvre ces jeunes ovaires, on verra ce que j'annonce. Il ne faut donc pas se flatter trop vite.

On a beaucoup parlé cette année de l'*érineum vitis*, végétation cryptogamique qui boursouffle les feuilles. On l'a attribué au froid subit d'avril. Mais je remarque qu'au premier août, il est encore plus répandu... Le soufre n'y a rien fait chez moi. L'oïdium se montra vers les 15-20 et 25 juillet par une chaleur extrême... Il resta stationnaire grâce à plusieurs soufrages faits en temps opportun.

Il désole le Midi, malgré le soufre... Ainsi il doit régner partout avant de finir; c'est sa marche observée par moi.

M. Lambert a remarqué qu'une plante de *spirea* filipendule , se couvrait de filaments blancs et de duvet quand l'oïdium doit sévir. En 1856, sa plante n'ayant été que légèrement atteinte il prédit qu'alors on serait peu frappé par l'oïdium dans le Beaujolais... En 1857 , même effet de la spirée , même annonce de l'observateur.

Il est parfois de petites remarques qui ont de la portée. J'observe aussi que chez moi certaines plantes malades d'ordinaire quand règne l'oïdium , sont saines cette année.

TAILLE DES ARBRES A FRUITS.

PROCÉDÉS NOUVEAUX.

Chaque année amène quelque petit perfectionnement dans la taille des arbres à fruits ; nous disons *petit*, parce qu'il est impossible d'aller au-delà de ce que les maîtres nous enseignent aujourd'hui. On est dans le vrai, et il y a peu de progrès important à faire. Nous saisirons cette occasion pour exprimer notre pensée sur la taille en général ; nous la voulons, *simple, facile et prompte*, par *principes*, cela s'entend, mais nous nous élèverons toujours contre ces formes guindées et beaucoup trop prétentieuses auxquelles on soumet les arbres, les fruitiers surtout, d'où naissent les *enjolivures* que la mode impose à nos espaliers à noyau? Est-ce qu'ils en végètent mieux et portent plus de fruits? Craignent-ils moins la gelée, le kermès, la cloque ou le blanc? Vivent-ils plus longtemps que sous la forme de V ouvert, si classique dans le vieux Montreuil. Sans doute ce dernier moyen était trop prosaïque et les jardiniers maraichers pourraient trop facilement le saisir ? Il fallait aux romantiques du jour la double palmette que je supporterais encore, puis ces branches déjetées à droite et à gauche contre nature, en courbes violentes! Parlerai-je de ces croquis badigeonnés contre les murs, squelettes effrayants que les branches vivantes ne vont jamais caresser? Dirai-je combien il faut être heureux et adroit pour conduire ainsi un arbre à bien? Non, ce serait peine perdue, je n'en empêcherai pas la mode de courir et M. *** d'admirer son beau pêcher Napoléon! Puis il est encore une foule de formes que chacun adopte selon son caprice, qui nécessitent beaucoup de temps perdu et qui, en somme, ne rapportent pas plus de fruits. Cette taille antique à la *Montreuil*, si commode, si productive, sera sans doute abandonnée bientôt, et cela au moment où les horticulteurs de province commençaient à se familiariser avec elle, après tant d'écrits et d'exemples des anciens auteurs horticoles! Je les engage cependant, dussé-je soulever les clameurs des romantiques pomologistes, à ne pas se presser tant et à faire leurs premières armes dans la taille du pêcher, suivant la coutume de Montreuil. Qu'ils choisissent ensuite la *palmette simple*, bonne et rationnelle, et s'ils tiennent à l'harmonie dans l'ensemble, je leur souhaite des branches de charpente assez bien dévouées pour sortir juste où il en faut, et assez fortes pour établir l'équilibre!

On commence à revenir, si j'en crois un auteur intelligent (1), de toutes ces formes bizarres, créées par l'inspiration capricieuse des modernes, et on leur substitue la palmette simple et les cordons obliques qui en sont nés.

Qu'on ne s'y trompe pas, le progrès n'est pas à courir vite et à prendre la fièvre du nouveau, car en France, dans tout et pour tout, c'est à qui passera devant l'autre; que nos horticulteurs trop empressés ne nous donnent pas comme une chose bonne toutes leurs inventions de taille nouvelle; et n'en déplaise à M. Luizet père, que j'estime fort pour son amour de l'art horticole, je ne suis pas partisan de la taille en spirale, qu'il préconise ; laissons végéter nos arbres

(1) M. Maurice Germa, voir *Rev. Hort.*, 1857, p. 117.

dans la forme la plus naturelle ; c'est quelque chose que l'élégance, mais plaçons avant tout le rapport; ne cherchons pas tant à nous faire admirer, à *inventer;* appliquons seulement bien les connaissances que nous possédons, et n'entravons pas la marche de l'horticulture en effrayant les récents adeptes qui nous arrivent et qui ont peine à nous suivre déjà quand nous leur exposons nos leçons horticoles !

Je vais passer en revue quelques perfectionnements qu'on nous signale; il est bon de tout connaître : chacun adopte ensuite ce qui lui convient.

1. *Branches opposées pour pyramides.* — M. Dumont, jardinier, près Rosny, pour obtenir des branches de charpente exactement là où il en manque, coupe à la taille de l'hiver le bourgeon de prolongement, un peu au-dessous de la hauteur voulue, prenant de préférence un œil en dessus pour asseoir cette taille. Quand le bourgeon subséquent a 8 centimètres, on pince son extrémité. A la base même de ce nouveau bourgeon, on voit des feuilles très-rapprochées; le pincement fait former des yeux à l'aisselle de ces feuilles, et on choisit les mieux placés, selon ce qu'on désire ; ils se trouvent ordinairement bien opposés.

Cette méthode est ingénieuse et nous montre encore une ressource de ce pincement qui se fait jour partout, et à qui nous devons tant pour former la charpente de nos arbres.

2. *Poiriers.*—M. F. Maloz, l'un des plus anciens arboriculteurs, pour obvier à la trop grande affluence de sève dans les branches verticales du poirier en candélabre,et même dans celles du dedans de ceux à forme carrée, forme ces branches verticales par des greffes de variétés moins vigoureuses. Ce procédé, rarement pratiqué, obvie à des difficultés qu'on ne

surmonte qu'avec peine. La forme oblique, connue anciennement et revenue à la mode, offre des inconvéniens par la suite à cause de l'abondance de la sève qui s'échappe des bourgeons vigoureux de la base de l'arbre. M. Baudinat y remédie heureusement en plantant ses arbres à 2 mètres les uns des autres. Sur chaque arbre il forme deux branches qu'on peut appeler branches-mères, qu'il dresse verticalement l'année suivante; il forme sur chacune de ces branches d'autres branches qu'il obtient facilement par le pincement. Chaque arbre est ainsi composé de 4 membres, placés à 60 centimètres les uns des autres, et garnissant bien le mur.

3. *Poires greffées par approche.* — Dans le but d'offrir une curiosité, un amateur a essayé de greffer par approche deux poires de même âge et de même dimension. Pour cela quand elles ont acquis la grosseur d'une noix, on enlève à chacune une loque de pulpe de la grandeur et épaisseur d'une pièce de deux francs; on ligature avec un cordon plat et l'on a une poire double; nous ne conseillons ce tour d'adresse que pour démontrer que les fruits se marient par approche aussi bien que les branches; ce qui reste à faire pour achever l'expérience sera de sevrer l'un des deux fruits pour voir s'il continuerait à grossir, ce qui est dans l'ordre naturel évidemment. Cependant on peut présumer que le fruit sevré risquera de perdre de sa force.

4. Un autre jardinier s'est amusé à greffer aussi par approche, une petite branche voisine sur le pédoncule d'une poire; cette *nourrice* apporte certainement de la sève et de la vigueur au fruit, mais où est l'avantage? Fera-t-on cela en grand? Un arbre vigoureux, bien conduit, *peu chargé* de fruit, les donnera toujours beaux et bons.

Ainsi cette greffe de boutons à fruit connue, et remise en vigueur par Luizet père (1), quoique bonne pour faire porter à un arbre rebelle des fruits d'une autre espèce, n'est pas un avantage dans la culture en grand ; mais elle peut lucrativement occuper les loisirs d'un amateur.

Laissons donc ces minuties d'enfant, estimons-les, de la part de ceux qui les font, comme une tendance possible pour obtenir, en cherchant, quelque chose de bien, mais ne nous y arrêtons qu'en passant ; le progrès horticole n'est pas là. Je ne les aurais pas signalées, si mon but n'était pas de présenter, dans cette revue rapide, un coup-d'œil exact sur ce qui se passe depuis peu. Je fais une exception, cependant pour l'idée qu'a eue Luizet de planter sur le côté faible d'un arbre en espalier, un sujet qu'il greffe par approche en dessous de la branche-mère et dont il a retranché le sommet. Ce moyen donne de la vigueur à un arbre faible ; il est le seul, je crois, pour renforcer la partie souffrante d'un espalier.

5. *Greffes sur épine noire.*—Voilà un sujet fertile et qui a de l'avenir ! Posséder des arbres nains, n'est-ce pas le désir d'une foule d'amateurs de jardins à qui manque l'espace ! C'est un service à rendre à tous, après tout, que de leur signaler un nouveau procédé ; et rien n'est agréable comme de pouvoir cueillir ses fruits sans échelles. Et pour les tailler donc? A-t-on toujours les moyens de payer un jardinier pour cela ! Et en trouve-t-on partout ? Ainsi, quand le propriétaire, qui craint les échelles branlantes et lourdes à manier, veut tailler lui-même ses arbres, il s'en prive, ou s'expose, quand ses sujets sont trop élevés, à faire une chute quelconque !...

(1) Horticulteur à Ecully, près Lyon.

En Chine c'est à qui possédera en petit tous les végétaux que l'on a en grand. Ce peuple industrieux excelle dans ce genre ; nous devrions bien lui emprunter une foule d'inventions utiles, et nous moquer moins de lui ! Il est notre maître en fait de patience et de procédés avantageux.

Quant à nous, qui n'avons encore que le pommier Paradis, le Coignassier et le *Mahaleb*, pour avoir des arbres nains, nous devons certainement nous efforcer d'en accroître le nombre; adoptons donc l'épine noire (1).

Les greffes sur épine noire auront leur vogue bientôt; M. le curé d'Auxonne en a fait tout récemment l'expérience ; il place ses greffes de pêchers sur de jeunes bourgeons d'un an de plantation.

En 1841, nous avons préconisé nous-même ce mode de greffer, et donné des détails nouveaux sur ce sujet nain (2). Il y a là une étude à faire car il est des prunes, ainsi greffées, qui fructifient peu, et d'autres pas du tout. Ainsi, un pied greffé de Sainte-Catherine, quoique très-vigoureux et ancien de greffe, ne m'a jamais donné de fruits. La reine-claude *Dauphine* y est belle et bonne, mais elle produit très-peu. La Mirabelle hâtive fructifie assez bien, mais cette variété et la tardive ne montrent pas, sur l'épine noire, ces chaînes de fruits dont elle couvre ses branches sur le prunier ordinaire.

Il y a, je le répète, une étude à faire, et des espèces de greffes plus praticables que d'autres. Ainsi l'écusson est difficile à la reprise, sur jeune bois, parce que l'écorce est trop mince. Sans doute il réussirait sur vieux bois. En fente, cette greffe offre plus de succès, par *application* aussi.

(1) Pelossier des haies.

(2) *Journal d'agriculture de la société d'Emulation de l'Ain*, p. 186.

M. le curé d'Auxonne a réussi à greffer en écusson sur épine noire des pêchers qui végètent et fructifient très-bien ; il a choisi de très-jeunes rejetons que lui-même greffait alors, depuis douze ans, sur ce sujet (1). J'avais opéré sur de plus vieux sans succès.

L'épine noire est rustique, mais elle a un défaut, c'est de drageonner avec fureur; il est vrai qu'on s'en inquiète peu, en arrachant sans pitié tous les rejetons qui pullulent; cependant, quand ils vont s'élancer dans les racines des arbres voisins, c'est un embarras pour les avoir.

6.—Le drageonnement par excès est regardé par quelques praticiens comme étant la conséquence d'arbres plantés en drageons et conservant ainsi leur tendance naturelle. Un horticulteur de Hambourg (2) regarde cette explication comme erronée, et il prétend que si les pruniers drageonnent dans nos jardins c'est parce qu'on coupe trop souvent leurs racines avec la bêche; car à chaque plaie il se forme un bourrelet qui, par suite, s'enrichit de racines qui tracent et rejettent !

Je ne sais si cette explication est la bonne. C'est un fait accordé que là où une racine est coupée, là elle pousse des radicelles; cela serait notamment sur le poirier greffé sur franc, et c'est fort heureux pour la reprise et pour la santé de cette espèce de sujet, qui n'a pas de chevelu; le prunier sans doute offre le même résultat, mais est-ce à dire que c'est de ce point récepé qui s'enrichit de radicelles, que les drageons vont partir. Non, et en voici une preuve :

(4) *Revue horticole*, 1856, p. 245. Déjà en 1834 elle avait signalé ce mode de culture d'arbres nains, de la part de M. H. Maupoil.

(5) Article sur ce sujet dans le *Journ. de la soc. d'hort. de Paris*, 1856, p. 392.

j'ai souvent vu des drageons sortir à 10, 15 et 20 pas du tronc d'un jeune prunier, et d'une racine *profonde*, or ce n'est pas la bêche qui a pu l'atteindre. Du reste, cette faculté de drageonner est inhérente à la nature de l'arbre, et nous voyons les drageons surgir trois ou quatre à la file, sur la même branche non coupée par les labours !...

On conseille d'enterrer peu profond les arbres à fruit à noyaux pour les voir réussir mieux ; c'est pourquoi on doit pour eux, comme pour tous autres, ne jamais faire qu'*un sarclage* autour.

7. *Observations sur la taille en palmette.* — N'arrive-t-il pas souvent que les arbres à pépins ou à noyaux, dirigés sous cette forme, ont leurs branches inférieures faibles et celles d'en haut trop fortes? Cela vient de ce que la sève se porte toujours en haut. Ainsi, plus les branches d'en haut sont tenues horizontalement, *moins* elles profitent. Sans doute on emploie comme ressource de tailler long en bas et court en haut, mais cela ne suffit pas. Pour obvier à cet état, je relève légèrement en haut mes branches du bas, de façon à faire une courbe allongée; puis, au contraire, je tiens horizontales celles du haut; de la sorte, je ne suis plus exposé à voir languir une charpente inférieure.

8.—Y a-t-il un moyen de faire pousser des yeux sur tous les poiriers, par le pincement? J'accepterai avec plaisir une réponse affirmative du praticien fortuné qui possède cette faculté. En effet, il y a plusieurs variétés qui, placées dans toutes les conditions voulues, s'obstinent à ne rien donner sur le pincement ; ou si elles se décident à lancer un œil de faveur, c'est au sommet de la branche pincée, ce qui vous contrarie fort, surtout quand la brindille qu'on veut mettre à fruit se trouve placée sur le devant; car malgré la défaveur de cette position, on est très-heureux parfois de conserver là une branche à fruit, ne fût-ce encore que pour garnir une partie nue !

Je ne citerai que les variétés qui m'ont paru rebelles; les praticiens, pour qui je trace ces lignes, auront fait cette remarque ainsi que moi; ils ont vu qu'il y a des brindilles ou des dards, qui s'allongent et ne donnent pas d'yeux dans le bas. On me dira peut-être ? pincez en vert ou rabattez sur l'empâtement à l'épaisseur d'un écu. — Mais souvent il n'y pousse rien.

9. *Gerçure et tavelure des fruits.* — Voici une expérience qui prête une grande force aux arguments de ceux qui soutiennent que la gerçure des fruits, leur avortement, ou leur infertilité, ne doit pas être attribuée à l'âge de la variété, à sa caducité et par suite qui démontrerait, ce nous semble, que nous avons tort de regarder comme accablées par l'âge nos anciennes et bonnes poires. Achevons cette thèse, avant de passer aux faits nouveaux à relater.

Van Mons, que nous estimons fort, a toujours, et dès longtemps soutenu que nos espèces anciennes ne produisent plus, ou bien ne donnent que des fruits rabougris, parce qu'elles sont courbées sous la vétusté. La régénérescence par le semis *combiné*, appuie son opinion, nous le reconnaissons. Cependant que répondre à des faits contraires, sinon qu'il y a là d'autres causes que nous ignorons ! Ne craignons jamais de l'avouer !

Ainsi n'a-t-on pas dit : la *Calville* blanche, le *Doyenné*, le *Bésy* de Chaumontel, plusieurs autres, enfin, sont tellement usés par l'âge et appauvris par la greffe successive, qu'ils ne produisent que de mauvais fruits. Nous répondrons à ce langage, que cela vient d'un terrain épuisé; de sujets de *cognassiers maladifs*, comme dit Van Mons, ou de ce que les pommiers Calville sont greffés sur paradis venus de drageons ou de boutures. Si, sur franc ces mêmes variétés finissent par valoir peu, et donnent des fruits rabougris, ou presque tous verreux, ce n'est que parce que le sujet est trop vieux et usé, et non pas la variété de pomme ou de poire.

Les jeunes sujets de Van Mons, obtenus de semis sont plus vigoureux, plus fertiles, c'est constant; or cela vient du renouvellement par le semis, dont je ne nie pas la toute puissance. Mais chaque fois que vous grefferez *sur franc*, le Doyenné, le Chaumontel, la *Calville*, vous aurez, tant que le sujet sera vigoureux, de beaux et bons fruits. Donc ce n'est pas la variété qui dépérit! Le cognassier, à part dans quelques bons sols exceptionnels, ne donne que des arbres assez faibles; c'est sa tendance, on le voit par les variétés qui se chargent de fruit, et qui ne poussent pas de bois sur ce genre de sujet; dira-t-on dans ce cas que ces fruits sont usés par l'âge? Non, cela ne se peut, dans l'espèce particulière, car les Doyennés nouveaux, certains beurrés, le B. d'Aremberg (vrai), ne poussent pas de bois sur cognassier;

Un horticulteur d'Amérique cite le fait de *Doyennés blancs*, qui ont produit des fruits magnifiques pendant longtemps, *depuis* leur plantation; puis, pendant neuf ou dix ans se gerçant uniformément, ne donnaient que des fruits *sans forme* et sans valeur, et qui se sont après cela *remis* à donner beaucoup de beaux et bons fruits, sans qu'on ait opéré de changement dans le sol, ou dans la charpente des arbres. L'auteur de cette remarque croyait devoir attribuer ce beau retour à la sécheresse des trois derniers étés, mais celui de 1855 ayant été très-humide et les fruits superbes et bons, il ne savait plus qu'en penser.

Les arbres en question sont disséminés dans le verger et cultivés dans un sol en partie couvert de gazon, et en partie cultivé. Les premiers n'ont jamais eu leurs racines dérangées, les autres ont profité de la culture des céréales et *toujours* fourni le même résultat.

Dans ces faits, on ne peut pas accuser l'âge avancé de la variété, ni l'épuisement du sol, et pourtant on considère le doyenné blanc comme étant hors d'âge et ne produisant plus que des fruits médiocres (1).

Il en résulte qu'on ne peut accuser la gerçure des fruits d'être le produit d'arbres ou de variétés épuisées. On devait certainement tendre à le penser avant l'expérience faite et relatée ci-dessus, qui est à nos yeux d'une importance capitale. C'est le cas, ainsi que le dit l'honorable M. Morel, qui a communiqué ces détails à la Société d'horticulture de la Seine, de rechercher la cause de la gerçure et les moyens curatifs de cette maladie (2).

Revenons à notre thèse. Nous avons tous observé que, sur les vieux arbres, certaines variétés se gerçaient, se tachaient plus ou moins et ne fructifiaient que difficilement dans presque tous les cas qui se sont présentés ; cela tenait, je le dis sans crainte, à la *vétusté de l'arbre* ou à la mauvaise qualité du sol ; ainsi pour citer la Bresse et ses terrains blancs *imperméables*, il est reconnu, qu'en général, les fruits d'hiver ne réussissent pas à plein vent, ou sur sujets de cognassiers très-vieux. Ainsi la Virgouleuse, la Crassane, le St-Germain n'y valent rien. Le Martin-Sec fructifie bien, mais il est très-pierreux, se tache et se creuse à l'extérieur, n'offrant jamais cet aspect lisse de ceux venus en montagne, à bonne exposition.

Le Doyenné roux (3) qui, chez moi, est sur franc,

(1) Van Mons et beaucoup trop de pomologistes français...
(2) *Journ. de la Soc. hort. de la Seine*, 1856, p. 411.
(3) Beurré d'Angleterre de quelques personnes.

en gobelet, donnant pendant longtemps de beaux et bons fruits, a fini par ne produire que peu de poires, toutes gercées et rabougries. C'était l'âge des arbres affaiblis par la taille; je les ai arrachés après plusieurs années de patience inutile. Devais-je attendre et obtenir le résultat de l'horticulteur américain? Non, cela ne se voit pas en France; il faut aller dans une autre partie du monde pour en être témoin!...

Ferait-on une différence entre la gerçure que les poires prennent très-jeunes, ou vers la fin de leur croissance? J'ai peine à l'admettre, car ce doit être le même symptôme maladif; l'avenir nous le dira si on trouve enfin un moyen curatif pour ces deux états déplorables.

Tous les horticulteurs le reconnaissent, je crois, la nature mauvaise du sol influe beaucoup sur la santé des arbres à fruit.

10. Je citerai un fait singulier; j'ai dans mon jardin, *ancien déjà*, un carré, où tous les arbres périssent successivement, poiriers, pommiers, pruniers, cognassiers, les uns sur franc même, sont tous morts après un certain temps; à quoi attribuer cela? Il y avait eu au milieu, en buisson vieux et fourré, une ligne de framboisiers; doit-on supposer que leurs racines aient vicié le sol à la longue et au loin?

Quelques auteurs en considérant que les poiriers âgés donnaient souvent des fruits gercés, attribuent cela aux amputations subies par ces arbres. M. LeRoy-Mabille articule nettement: « Que les vieux poiriers soumis à la taille sont plus sujets à donner des fruits crevassés que les jeunes » (1).

Mais j'admettrai, si l'on veut, que les arbres âgés, très-affaiblis certainement, peuvent donner des fruits

(1) Examen de la brochure Leclerc, p. 44.

affaiblis et par suite gercés, cependant ce n'est pas un argument sans réplique, car que dirait M. Leroy-Mabille si je lui annonçais que j'ai eu des *crassanes* à grand vent, *non taillées*, sur arbre d'âge moyen qui se gerçaient et qui ne réussissaient pas, je dois avouer que j'attribue cet effet au sol, je ne m'en ferai pas déloyalement une arme contre l'auteur que je cite.

Quoiqu'on ne trouve pas d'explication satisfaisante d'un fait, ce n'est pas une raison pour s'imaginer qu'on en va découvrir une autre; il faut même se rendre et ne pas tant raisonner. La nature se rit de nos remèdes et de nos explications (1).

Voici, du reste, qui coupe court à tout; j'ai cité l'expérience d'un amateur d'Amérique, dont les Doyennés-Blancs, superbes pendant long-temps, puis victimes, par intervalle, d'accidents qui gerçaient leurs fruits, se sont remis *seuls*, *quoique* vieux et *taillés toujours*, à donner des poires superbes! M. Leroy-Mabille pèsera cette remarquable expérience et dira peut-être, avec moi, que si la taille affaiblit à la longue, elle n'est pas cause de la gerçure. Mais aussi il faut qu'il s'apprête à admettre qu'il est une foule de *causes* inconnues qui engendrent des *effets* que nous ne *pouvons* expliquer.

Cherchons donc d'autres causes, ou peut-être ne cherchons rien!

Je suis jusqu'à nouvel ordre de l'avis de ceux qui attribuent le mal de la vigne à l'atmosphère humide. M. Leroy-Mabille a trouvé le moyen de se servir de mon opinion pour en appuyer la sienne.

Il faut, *sans doute*, que mes prémisses n'aillent pas à ma conclusion?.... Si ce sont les amputations qui causent l'oïdium, je me demande pourquoi la vigne a pu y résister pendant plusieurs siècles sans

(1) Voir le *Cercle d'hort. prat. de Rennes*, 1856, p. 53.

avoir été malade. Mais j'entends déjà qu'on va me rétorquer par une raison que j'ai rappelée. Cherchons un autre argument, le voici : Si ce sont les tailles successives qui ont amené l'oïdium, pourquoi y a-t-il donc des vignes taillées toujours et qui se sont guéries, ou qui n'ont pas encore été malades ? En un mot, si M. Leroy-Mabille est dans le vrai, il faut nous attendre à voir périr tous nos ceps, parce que nous les taillons encore plus que jamais ! Et comment vendanger donc si nous ne taillons plus nos vignes ! M. Leroy, ne dit pas ce que nous ferons quand nous ne taillerons plus !...

En attendant, les nouvelles de la Bourgogne annoncent qu'au 1er avril 1857, le bois de la vigne est superbe, et cela malgré les *tailles* antérieures, *sans compter celles qu'elle va subir en donnant encore plus* !....

Qu'on ne s'y trompe pas, je n'exclus rien, je discute simplement et j'ignore la cause vraie du mal. Jusqu'ici rien ne m'a satisfait dans les explications données par tant d'auteurs, et pourtant rien ne me touche plus que ce que l'on dit des amputations des végétaux ; j'admets que c'est contre nature que nous les traitons ainsi. Van Mons m'a paru être de cet avis, et surtout je suis porté à croire que la vigne bouturée, taillée sans cesse perd son état normal et sa vigueur à la longue, mais est-ce là la cause de l'oïdium ? M. Mabille dit : oui, son remède dit : non !...

MÉTHODE NOUVELLE

POUR AVOIR SUR UN PETIT ESPACE DES POMMES DE TERRE PLUS ABONDANTES.

En 1856 un jardinier des environs de Paris, aussi modeste que peu connu, imagina d'appliquer un procédé nouveau à ses pommes de terre; la réussite fut complète. Il confia sa découverte à M. Orbelin, l'un des membres anciens de la Société impériale d'horticulture de la Seine. Celui-ci se hâta de répandre cette nouvelle méthode et d'en reporter tout le mérite à son auteur. M. Orbelin, pomologiste habile, et dont le jardin modèle qu'il possède à St-Maur redit toute la sollicitude éclairée, ayant eu occasion de me parler de la méthode nouvelle, me pria de la répandre dans nos contrées, en publiant un article *ad hoc*. Je vais m'acquitter de ce devoir agréable dont l'utilité me paraît certaine : j'y joindrai ensuite mes observations et de nouvelles vues.

Voici le procédé natif :

On trace de bonne heure au printemps, dans un sol bien préparé et fumé de longue date, et non au moment, quoique selon moi cela ne dût pas mal faire, des sillons profonds de 10 centimètres et espacés entr'eux de 50 centimètres. On y place à la distance convenable des tronçons de tubercules dont les yeux soient apparents ; leur épaisseur variera selon la grosseur ; la pomme de terre moyenne sera coupée en deux ; les grosses en trois ou en quatre ; il suffit qu'il y reste deux yeux au moins. On recouvre avec la main chaque tronçon. Puis après on fait un ados tout le long du rang à droite et à gauche pour le recouvrir. Quand les tiges ont 16 centimètres de long (6 pouces) on ne laisse qu'un *jet;* c'est dans ce dernier soin que consiste surtout le procédé.

Plus la variété de pomme de terre sera portée à rester entassée au pied de la tige, plus la réussite sera grande ; les printannières sont à préférer en cela comme pour tout autre ensemencement; non-seulement pour arriver mieux à maturité, mais encore pour échapper plus sûrement à la maladie qui ne veut pas encore nous quitter!.... M. Orbelin conseille la pomme de terre dite *jaune hollandaise*, comme étant la seule à semer, parce qu'elle vient littéralement en touffe. Il va sans dire que les buttages répétés produisent d'autant plus d'effet.

Examinons maintenant la portée et les effets de cette découverte heureuse :

1° On épargne la semence, c'est un grand point;

2° En gardant une seule tige, la sève s'y porte avec force et celle-ci rend aux racines la vie qu'elle a puisée dans le sol et dans l'air. Les racines fortes, bien nourries, développent des tubercules vigoureux... La sève se concentre et ne se disperse pas comme dans la culture ordinaire, dans une foule de radicelles, ou de prolongements faibles et tardifs à produire ; on ne voit pas de ces petits tubercules parasites, nombreux et sans profit, comme on en rencontre dans la culture ancienne, et surtout quand il y a eu deux végétations occasionnées ou par la sécheresse ou par des pluies continues.

3° Au lieu d'avoir un plus grand nombre de tubercules, petits ou moyens, on en a de gros, moins nombreux, mais plus nourris, et offrant en somme un poids bien supérieur à celui qu'on obtient par l'ancien mode dans lequel les tubercules se subdivisent à l'infini.

4° Le soleil frappe mieux la terre parce qu'elle est moins ombragée, partant la végétation marche plus vite et la production est plus sûre.

Réflexions.—Je trouve le mode de culture tout à fait rationnel et dans la nature même. Seulement on a lieu de s'étonner qu'on n'y ait pas songé plus tôt; c'est en planant dans les hauteurs de la science que les savants dépassent le but; il est réservé souvent aux *simples*, comme dans l'espèce, de voir clair et de *trouver* !

Dans un grand nombre de cas, soit pour les plantes soit pour les arbres, nous appliquons ce genre de culture; et l'expérience nous a bien démontré qu'en pinçant, en ravalant, ou en supprimant des gourmands, nous reportons la sève sur les tiges ou sur les branches conservées : mais qui songeait à la pomme de terre? Personne! Il était temps cependant... car on ne conçoit pas que dans notre siècle des lumières nous n'abaissions pas nos regards d'hommes habiles et pratiques sur la première plante utile du globe, après les céréales et la vigne !

Je regarde donc le procédé nouveau comme étant appelé à produire une révolution dans la culture de la pomme de terre. On l'appliquera d'abord dans les jardins... Les maraichers surtout ne le négligeront pas. Quant à la grande culture il faudra du temps avant qu'elle s'en empare et je ne doute pas, cependant, qu'on ne l'emploie dans les cultures éclairées qui, chaque jour, prennent plus d'extension !...

Voici une objection que je fais : cette tige unique laissée à la plante va s'élancer, s'allonger, et puis bientôt s'affaisser sur le sol ; là, en rampant, elle empêchera l'ascension de la sève, but unique du nouveau mode... En se coudant elle provoquera de nombreux rejets qui appauvriront les racines et celles-ci ne reporteront plus leur action entière sur les tubercules ! C'est là un inconvénient, mais il n'est pas assez grand pour détruire cependant les avantages du nouveau procédé. Je propose un remède : ce serait de mettre un tuteur à chaque tige : il n'est pas nécessaire qu'il soit fort ni élevé..... Mais ce tuteur occasionne des frais, du temps de plus et on peut, sans le vouloir, l'enfoncer dans les tubercules... Voilà bien des griefs... Mais on dit que cela n'empêche pas qu'on tire un grand profit de la nouvelle culture.

Je songe encore à autre chose : je propose de pincer l'extrémité des tiges quand elles ont 50 centimètres de haut. Puis de repincer les rejets des sommets, quand ils auront 10 centimètres; et l'on ferait bien de n'en laisser qu'un en le pinçant et repinçant chaque fois qu'il s'allongerait trop. Cette opération s'opposera à la floraison ; mais qu'importe, n'a-t-on pas répété souvent, que la suppression des fleurs produisait des tubercules plus abondants.

Dans tous les cas, c'est un essai que je propose et je conseille de le pratiquer comme moi. Je vais sur un rang mettre des tuteurs; sur le rang à côté j'aurai alternativement une plante soutenue et une plante pincée, et à la récolte j'examinerai attentivement le produit. Ainsi le problème sera résolu et l'on verra si, comme je le pense, les plantes pincées ont donné davantage en poids et grosseur. Ce sera alors une ressource pour la grande et la petite culture, par la suppression du tuteur, et par l'inconvénient de laisser les plantes libres.

Je prie les personnes qui auront essayé le nouveau mode de me faire connaître les résultats obtenus... En balançant ceux qui arriveront de divers points, je serai à même d'annoncer plus tard si le procédé demande à être appliqué en grand.

—

DU BATTAGE DES ARBRES.

J'allais terminer cette brochure lorsque j'ai lu dans le zélé *Sud-Est*, le procédé barbare de M. Poulet pour rajeunir les arbres. Faut-il donc en faire justice et la science a-t-elle besoin de protester par une faible voix ! En France on va si vite en besogne pour quoi *que ce soit;* on est si empressé de saisir et de propager du nouveau, qu'il importe d'arrêter au passage les prétendues découvertes qu'on se hâte de nous signaler.

La méthode de M. Poulet est des plus inimaginables; je distingue pourtant deux choses, l'une bonne, c'est le déchaussement et les stimulants portés aux racines; l'autre pernicieuse c'est le gaulage !

Le déchaussement opéré avec soin est le seul produitde la vigueur et de la fructification qu'on prône tant.... dans les arbres éteints avant le temps et jeunes encore par l'âge ! Mais qu'on y prenne garde si la chaux fait merveille, cet agent demande à être modéré et dosé ; elle stimule maïs n'amende pas ; donc ayez soin de mettre avec elle un lit de terreau ou de fumier consommé .. ou bien arrosez de temps en temps avec des purins étendus d'eau, ou encore d'un mélange de ce dernier liquide avec de la colle forte. Enfin recouvrez de bonne terre franche et paillez avecdes herbes extraites du jardin, ellesfont merveilles.

Quant au battage qui excite si fort la tendresse de M. Poulet, si ses arbres pouvaient parler ils crieraient terriblement haut pour demander grâce ; qui donc, gens, bêtes ou végétaux, se sont jamais applaudis d'être ainsi chelagués; qu'on me passe le mot?... Dira-t-on que de temps immémorial on gaule les noyers, les pommiers à cidre et qu'ils rapportent toujours, et mieux peut-être? j'accorde que le paysan grossier qui va au plus expéditif et qui ne raisonne pas, s'imagine bien faire. Mais il est évident qu'ici la nature lui vient en aide pour rèparer ses bévues, et que parfois les circonstances paraissent lui donner raison. Ainsi, les noyers sont vigoureux et forts; sur l'immensité des bourgeons à fruit, il en reste malgré le gaulage; il en est de même des pommiers à cidre ou des poiriers sauvages; il vient un âge où les boutons à fruit prédominent et les arbres chargés de fleurs ne fructifieraient souvent pas, si la gaule n'en abattait le tiers ou la moitié... Mais essayez de la gaule sur nos pommiers ou poiriers fins à plein vent, vous les aurez bientôt détruits !...

Le battage meurtrit la vieille écorce et force l'arbre à s'en faire une nouvelle; mais remarquez donc que c'est aux dépents de sa propre vigueur et qu'il n'en a pas trop pour être rajeuni... J'emploie un moyen plus doux et qui amène un résultat bienfaisant... J'enlève avec une *pleine*, ou tout autre instrument tranchant, la vieille écorce de mes arbres, et je les badigeonne avec un lait de chaux épais, mélangé de bouse de vache. Ils se récupèrent bien mieux et plus vite dès la première année; ils se chargent de bois nouveau, car je rapproche les branches et je diminue celles à fruit avec le discernement du praticien d'habitude.

M. Poulet semble empressé de proclamer que les arbres qu'il a battus n'ont plus besoin d'être taillés, parce qu'ils poussent peu de bois... Qu'il en prenne son parti, on ne renoncera pas de sitôt à la taille, et s'il est bien d'admettre que peut-être elle est à la longue nuisible aux arbres, il est reconnu aussi, que bien raisonnée, elle prolonge assez leur existence pour qu'on ait le temps d'en jouir... Des pêchers vivent 30 et 50 ans avec la taille, et sans elle, ils sont finis à 10 ans et souvent bien plus tôt!

Est-ce assez pour *entamer* la belle découverte de M. Poulet (1), faut-il ajouter que malgré son annonce de beaux et bons fruits obtenus depuis huit ans par le battage, l'Academie des sciences a gardé le silence sur le procédé, et que le titre seul de son mémoire a figuré aux comptes-rendus!... Il a fallu le *Cosmos*, revue française, *prompte à enregistrer*, et l'empressement un peu avide des journaux, pour donner quelque publicité à la méthode du battage!

—

EXPÉRIMENTATIONS DE QUELQUES DÉCOUVERTES UTILES A L'HORTICULTURE.

— Le mastic liquide de l'*Homme-le-Fort*, est très-commode et très-bon pour greffer...

— Depuis plusieurs années on a reconnu que les fruits étant soutenus en-dessous, grossissent davantage; on peut les appuyer sur des planchettes, pendues à des ficelles ou par des couronnes d'osier, de joncs, de laiches, etc...

— Beaucoup d'arbres vieux ne donnent que des fruits gercés, ceux à fruits d'hiver surtout; on y remédie en saupoudrant les fruits de ces arbres, avec du souffre et à trois reprises. La première fois quand ils sont noués, ou avant si le mal se montre... La seconde fois quand ils pendent, et la troisième, en septembre, quand ils ont leur grosseur. On a le

(1) De Puysaye (Nièvre).

soin de faire l'opération quand les fruits sont bien secs. Les taches proviennent d'une goutte d'eau qui a séjourné... La *Houppe* est très-bonne pour souffrer!

Un autre procédé consiste à couvrir les fruits à l'aide de cornets de papiers, de très-bonne heure; mais c'est un peu minutieux; la pluie et le vent emportent ces papiers; le soleil ne colore et ne sucre plus les fruits.

— *Recette contre la teigne des arbres.* Chacun connaît les parasites innombrables qui attaquent les branches d'arbres collés aux murs; lavez-les au pinceau doux, avec un mélange de chaux vive et d'urine, avec de la fiente de vache pour lier. Opérez en novembre; ce remède est sûr, et employé par nos horticulteurs parisiens. Je l'ai pratiqué cette année; l'emplâtre a bien résisté à l'hiver, je verrai cet été ce qu'il aura produit. Il est bon de tailler ses arbres afin de faciliter l'opération et de n'avoir rien à déranger au printemps.

Taille grin, appliquée au pêcher. Cette méthode prend faveur; la Société impériale a ajourné un rapport de quelques-uns de ses membres chargés de la vérifier. Mais plusieurs se prononcent déjà, MM. Orbelin et Malo en sont enchantés... La commission sera favorable au procédé grin, perfectionné par notre honorable collègue M. Courtois, juge à Chartres, qui a développé l'idée.

Il est bon de dire pour qu'on en profite, qu'on étend des branchettes le long des tiges dénudées et qu'on les rabat là où on a besoin d'un œil....

TABLE.

www.ingramcontent.com/pod-product-compliance
Lightning Source LLC
LaVergne TN
LVHW050430160826
845677LV00002BA/625

* 9 7 8 2 3 2 9 6 8 4 3 0 7 *